KB130654

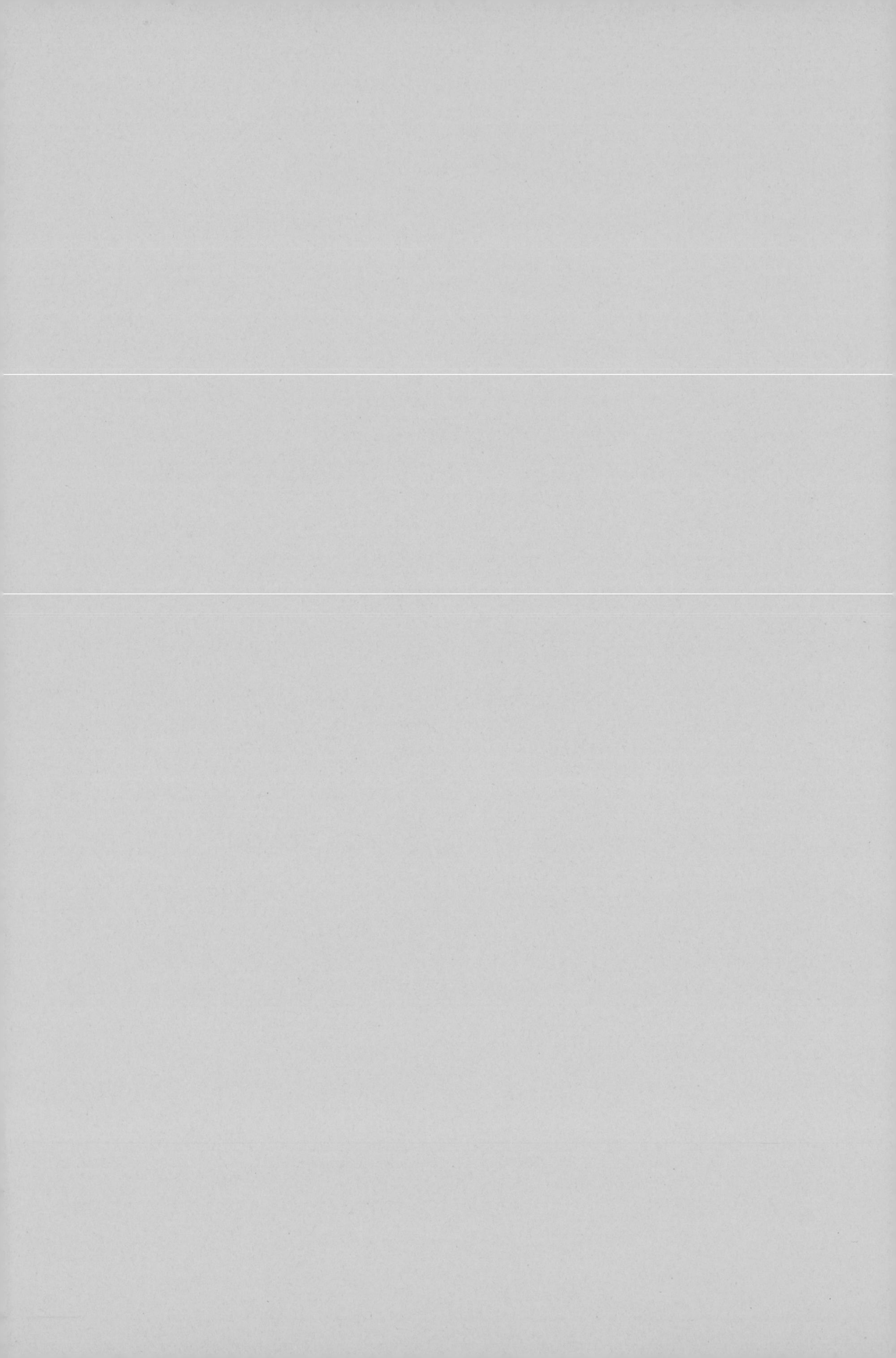

노선도의 거짓말

저자 박태준

목 차

1. 노선도는 진실을 말하지 않는다 4

2. 그럼에도 지도형 노선도가 필요한 이유 7

3. 노선도의 끝이라고 종점이 아니다?! 10

(1) 노선도보다 덜 가는 경우 11

(2) 노선도보다 더 가는 경우 12

4. 노선도의 거짓말 14

(1) 지선이라고 다 같은 지선이 아니다 15

(2) 순환선이라고 다 같은 순환선이 아니다 15

5. 선 종류와 굵기에 따라서...? 18

6. 숨기는 것이 많은 수도권 전철 1호선 20

· 출 처 23

1

노선도는 진실을 말하지 않는다

우리가 보는 보통의 노선도들은 역의 위치나 노선의 선형 등이 정확하게 나타나지 않는 경우가 대부분이다.

현재와 같은 노선도는 1931년 영국의 해리 벡(Harry Beck)이 최초로 개발하였다.

45도 단위의 선을 이용하여 단순하게 나타내었으며, 실제 지형보다는 역과 역 사이의 관계 등이 더 중요시된다(예를 들어 a역에서 b역까지 몇 역 떨어져 있는지가 필요한 정보일 때, 실제 지도상에 어떻게 지나가는지는 굳이 필요하지 않은 식이다).

노선도와 실제 지도상 노선은 서로 다르지만 엄밀하게 말해서 다르다고 말할 수 없다. 위상기하학적[1]으로 보면 같은 내용이기 때문이다.

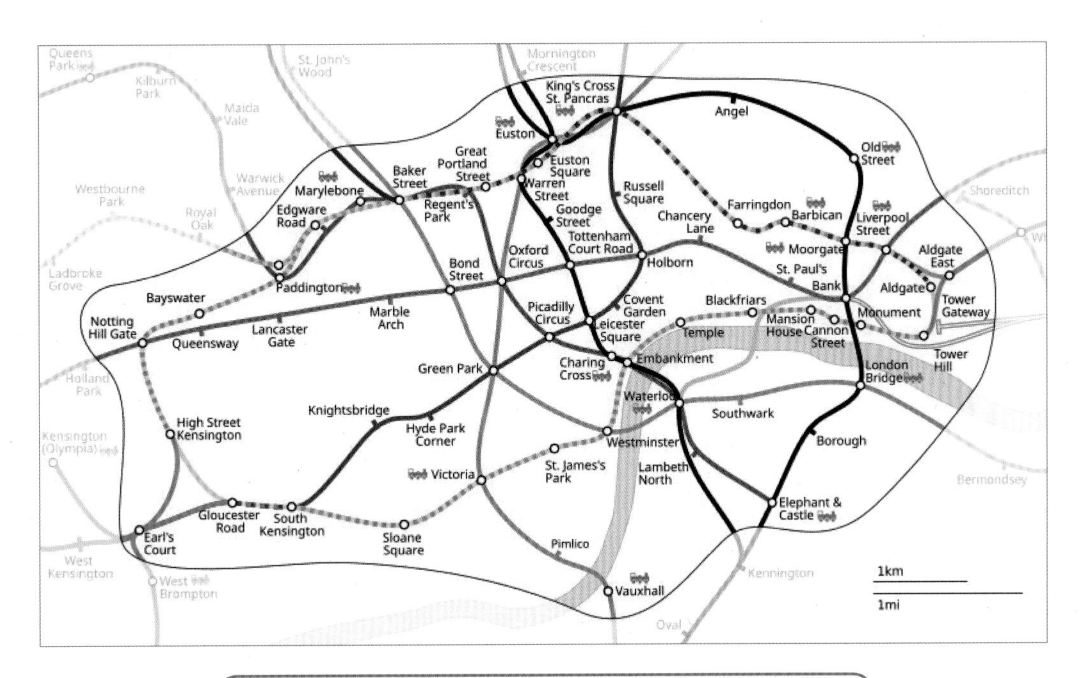

그림 1) 실제 선형을 기반으로 한 런던 지하철 1구역 노선도

1) 도형이나 공간을 연속적으로 변형시키는 경우, 그 변형되는 중에서도 변하지 않는 것을 연구하는 기하학의 한 분야.

헨리 벡의 노선도 이전에는 노선도가 이런 식으로 실제 지도상에 표시되었다.

그림 2와 그림 3을 비교했을 때,

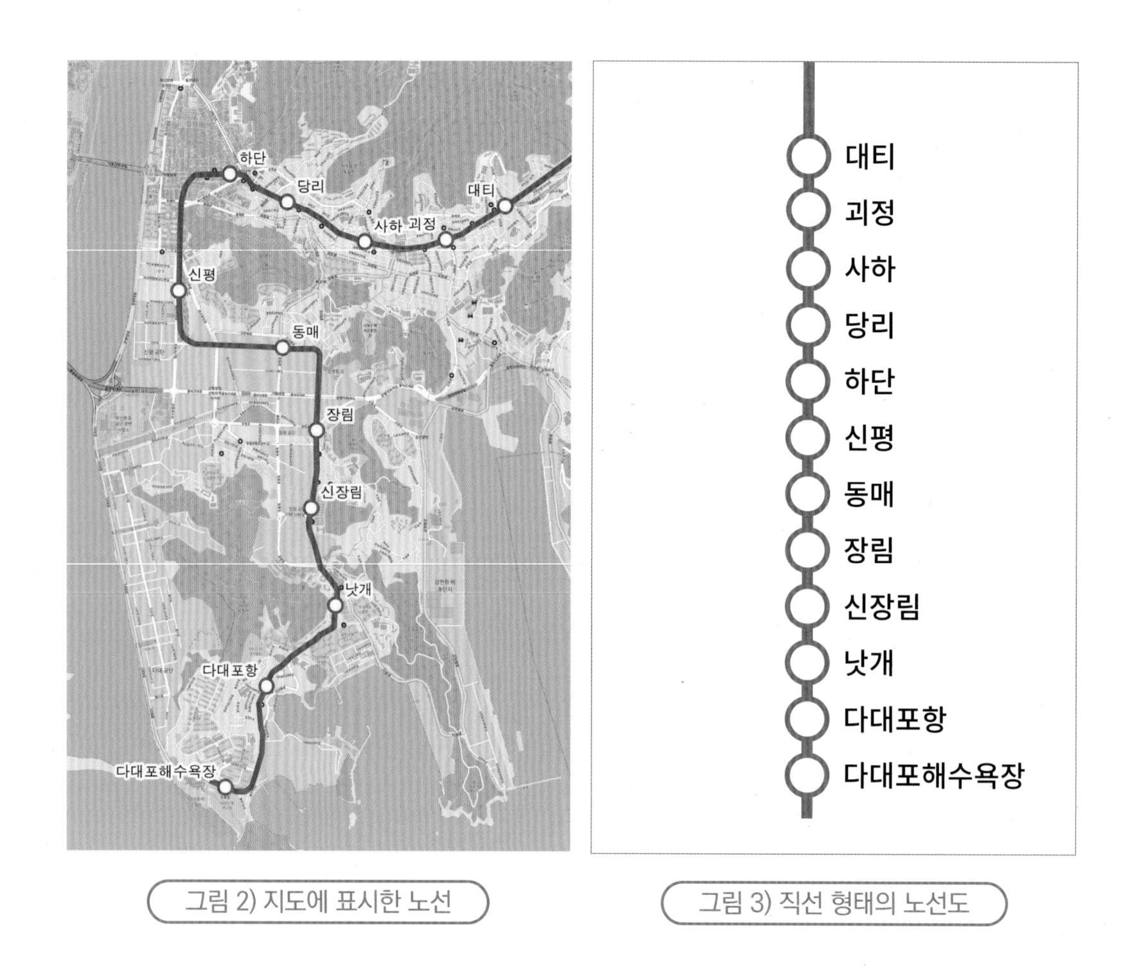

그림 2) 지도에 표시한 노선

그림 3) 직선 형태의 노선도

그림 2는 실제 지도에 노선을 표시한 것이고,

그림 3은 직선으로 노선을 표시한 것이다.

예를 들어 “사하역에서 다대포해수욕장까지 가는 데 몇 정거장이 걸리느냐?”에 대한 해답 ‘사하역 출발 후 9번째 역’은 직선으로 된 노선도가 실제 지도에 표시한 것보다, 쉽게 셀 수 있을 것이다.

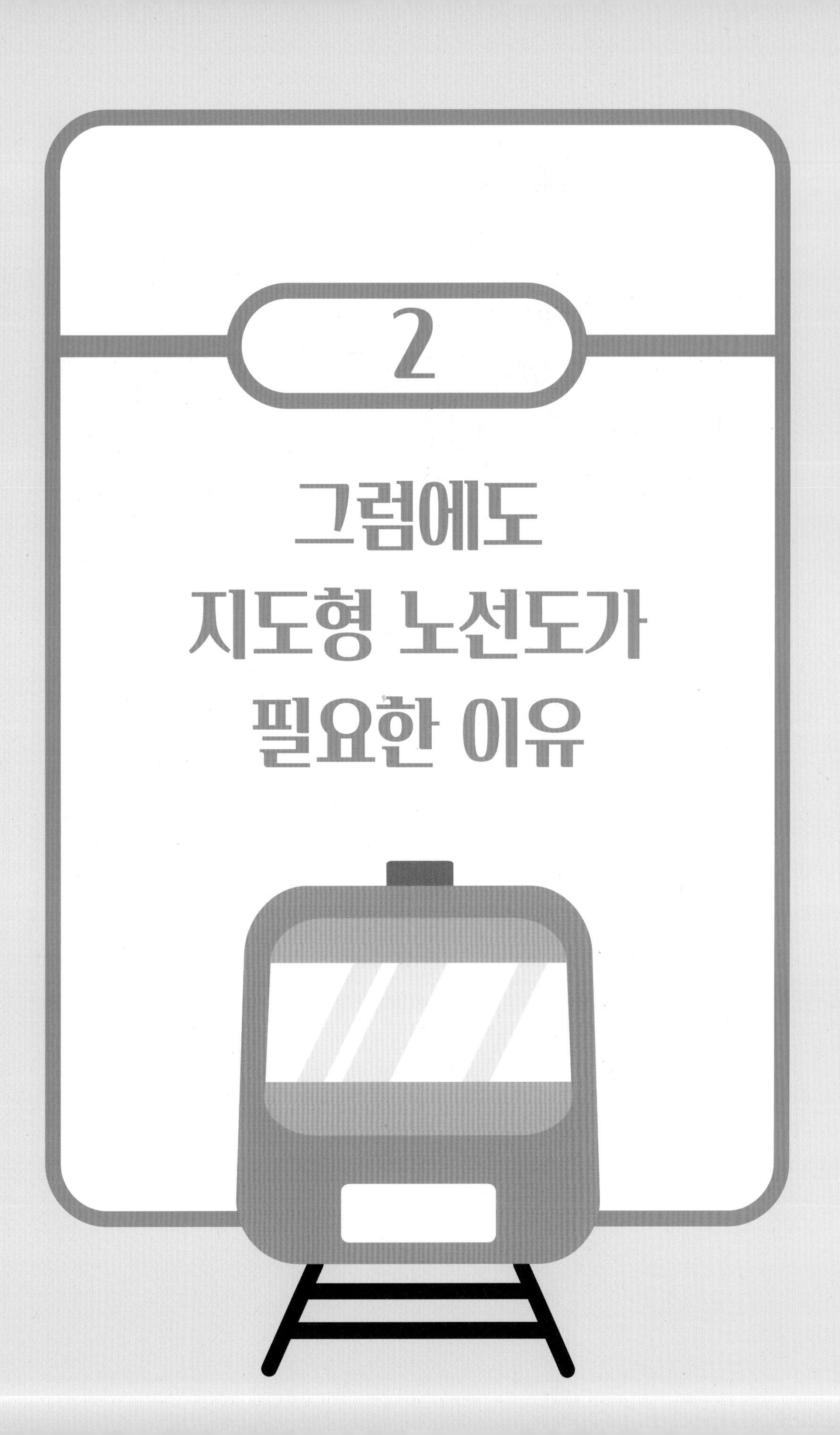

2

그럼에도 지도형 노선도가 필요한 이유

하지만 우리는 실생활에서 지도형, 혹은 실제 지형과 유사한 노선도를 종종 만나곤 한다.

그런 노선도가 존재하는 것은 필요로 하는 경우가 있기 때문이다.

특정 지형, 건물, 랜드 마크 등이 어디에 위치하는지 찾기 위해서는 이편이 유리하기 때문이다.

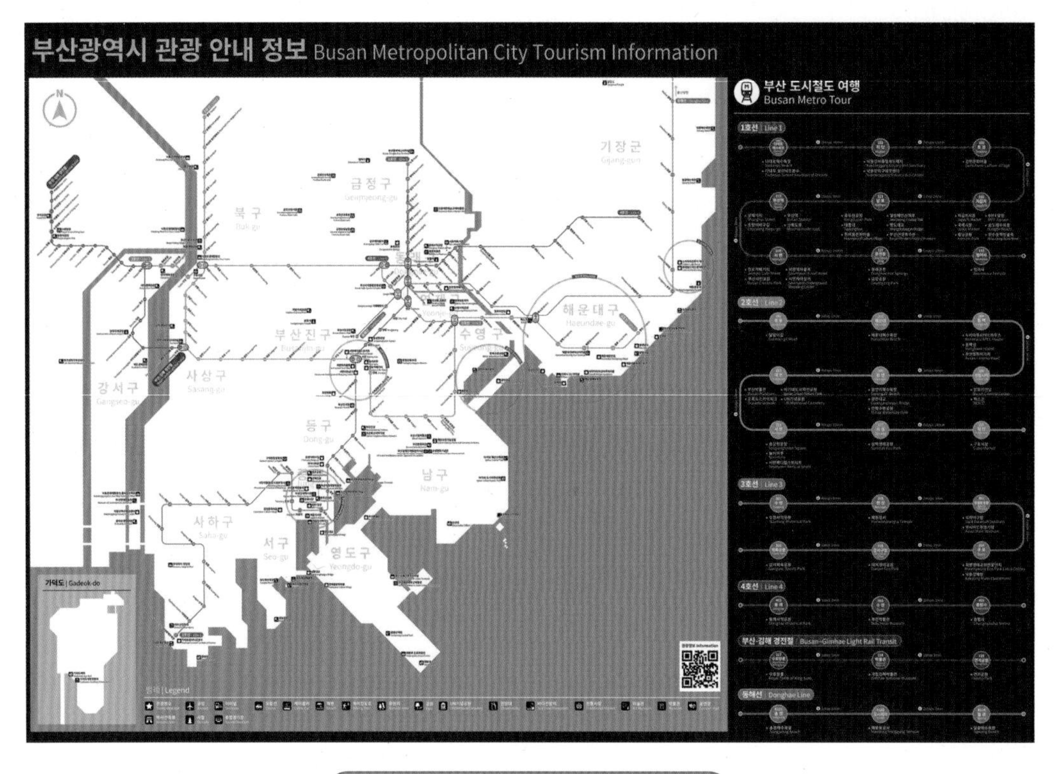

그림 4) 부산교통공사 관광노선도

이 노선도를 보았을 때, 어느 역이 해안가에 위치하고 있는지, 부산시민공원은 부전역 인근에 위치하고 있다든지 하는 정보를 비교적 쉽게 얻을 수 있다.

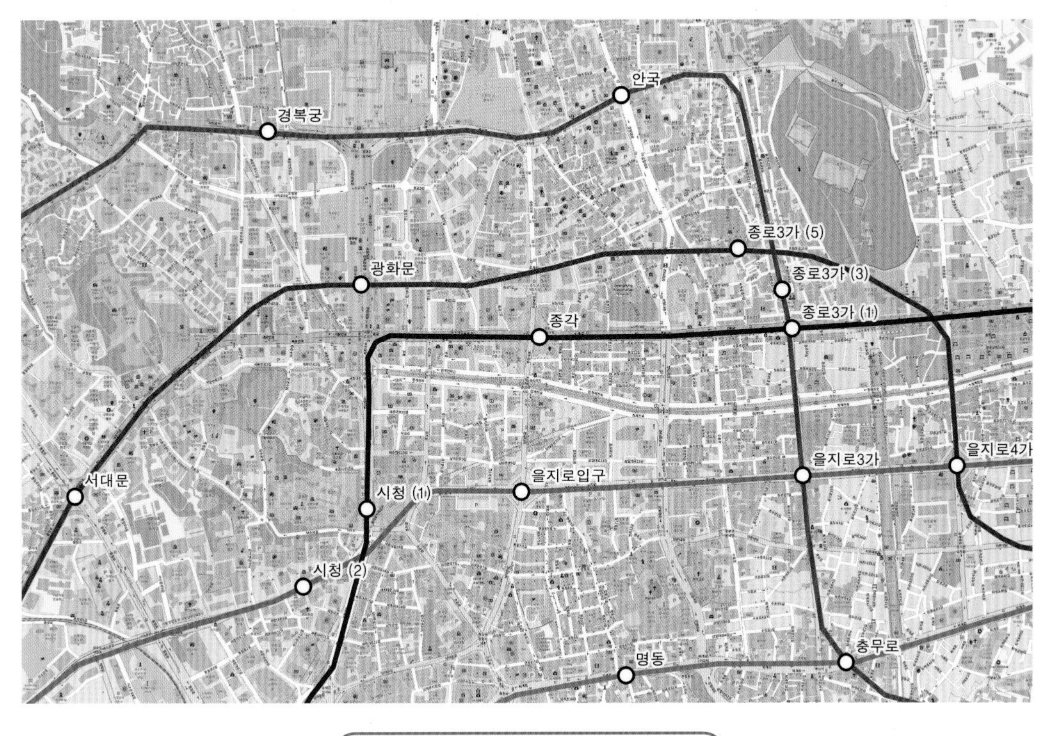

그림 5) 광화문광장 일대의 지도

광화문광장에서 시청광장으로 간다고 가정해 보자.

지하철 노선도만 보면 광화문역에서 5호선을 타고 1정거장을 간 뒤 종로3가역에서 환승해 2정거장을 가면 시청역이 나오므로, 그렇게 가면 될 것이다.

그러나 이것은 꽤 비효율적인데, 경로도 돌아갈 뿐만 아니라 종로3가역은 '工' 자 모양의 역으로 5호선에서 1호선으로 가기 위해서는 3호선 종로3가역 쪽을 가로질러 가야 하므로 환승 거리가 멀다.

이와 같이 단순화된 노선도상에서는 알 수 없는 정보가 있기 마련이다.

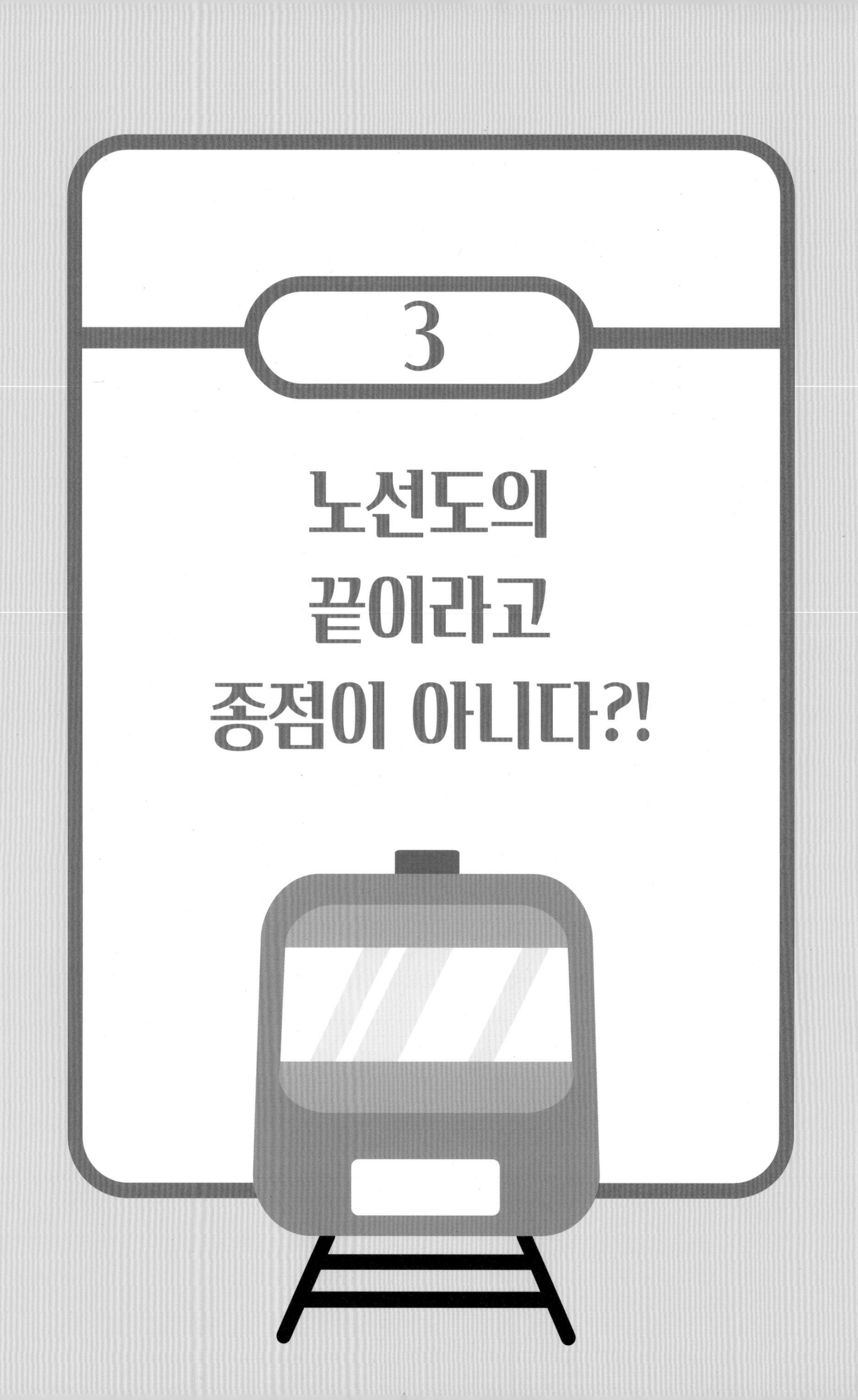
3
노선도의
끝이라고
종점이 아니다?!

(1) 노선도보다 덜 가는 경우

순환선이 아닌 이상 노선에는 끝이 존재한다.

노선도에 적힌 끝이, 노선의 진정한 '끝'일까?

그럴 수도 있지만, 아닌 경우도 존재한다.

예를 들어 수인분당선의 경우 노선도를 보면,

청량리-왕십리-서울숲-압구정로데오-강남구청-선정릉-선릉-(후략)

이런 식으로 적혀 있다. 하지만 청량리에서 출발하는 열차는 평일 기준 하루 9회[2]뿐이고, 왕십리에서 출발하는 열차가 대부분이다.

반대편도 마찬가지로 노선 끝까지 가는 인천행보다 죽전행, 고색행 등 노선의 끝까지 가지 않는 열차가 많으며 인천발의 경우 오이도행이 절반 정도를 차지한다.

또한 광주 1호선의 경우 노선도상 종착역인 녹동역은 1시간에 1대꼴로 열차가 들어오며, 나머지 열차는 그 전 역인 소태역에서 종착한다.

경의중앙선 임진강역의 경우 임진강-문산 셔틀 형태로만 운행하는데,

일부 노선도의 경우 이를 의식하여 문산에 환승 표시를 넣어 주기도 한다.

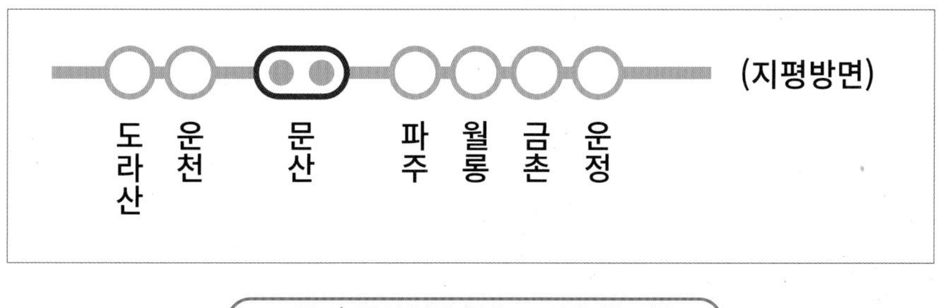

그림 6) 문산역에 환승 표시를 한 경우

◇◇◇◇◇◇◇◇◇◇◇◇◇◇

2) 2024년 7월 기준이며 언제든지 변경될 수 있음.

문산역의 경우 다른 노선과 환승이 되지 않기 때문에 문산에서 환승해야 한다고 의식할 수 있다.

(2) 노선도보다 더 가는 경우

일본의 지하철 노선도를 보다 보면 종종 '~까지 직결운행'이라고만 적혀 있거나 노선도상에 목적지가 나와 있지 않은 경우가 종종 있다. 그러면 어떻게 가게 되는 걸까?

답은 경우에 따라 다르다.

'~까지 직결운행'이라는 말은 다른 철도 회사 노선과 연결이 된다는 뜻이고 그 방향으로 열차가 들어가는 것은 맞지만, 모든 열차가 그쪽 회사, 적힌 종착역까지 가지는 않을 수 있다.

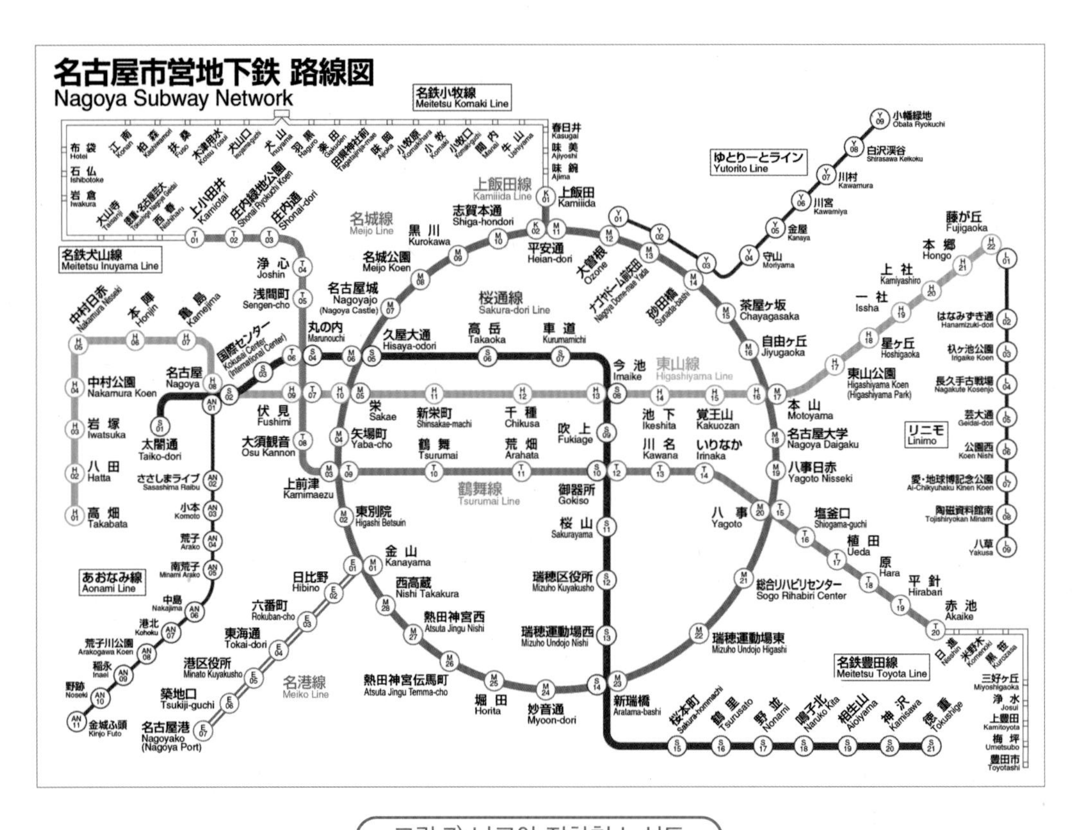

그림 7) 나고야 지하철 노선도

나고야 지하철의 츠루마이선(鶴舞線, 하늘색)의 경우 일부 열차가 메이테츠 이누야마선(名鉄犬山線) 이누야마(犬山)역/토요타시(豊田市)역 방면으로 직결하지만 카미오타이(上小田井)/아카이케(赤池)역에서 종착하는 열차도 많다(특히 카미오타이 방면은 직결열차가 적은 편임).

역 내 안내에서 시간표 등을 다시 확인하는 것이 좋다.

4

노선도의 거짓말

(1) 지선이라고 다 같은 지선이 아니다

일부 지하철 노선에는 지선[3)]이 있다.

파리 지하철 3bis, 7bis선처럼 따로 별도 노선으로 표기되는 경우도 있지만, 한국은 별도 노선으로 따로 표기하지는 않는다.

수도권 2호선 성수/신정 지선의 경우 성수역↔신설동역/신도림역↔까치산역 해당 구간만 왕복 운전을 하며, 2호선 본선에서 지선 구간으로 갈 때에는 성수역 또는 신도림역에서 환승이 강제된다.

반면, 수도권 5호선 마천지선의 경우 방화↔하남검단산/방화↔마천 열차가 번갈아 운행하므로, 5호선 마천지선상의 역이라고 강동에서 환승할 필요가 없고, 마천-둔촌동과 길동-하남검단산 간을 오갈 때에만 환승이 필요하다,

(2) 순환선이라고 다 같은 순환선이 아니다

서울 지하철 2호선, 서울 지하철 6호선, 나고야 지하철 메이죠선(名城線), 런던 지하철 서클선(Circle Line), 도쿄 지하철 오에도선(大江戸線) 등은 모두 순환하는 구조로 된 노선이다. 하지만 운행 방법은 각기 다르다.

서울 지하철 2호선은 지선을 제외하면 양방향으로 순환하는 노선이다.

○○, □□ 방면 순환 열차라고 안내한다. 과거에는 선로 2개가 모여 '回' 자 모양이 되는 것을 내선순환/외선순환 열차라고 안내했었다.

◇◇◇◇◇◇◇◇◇◇◇◇◇◇

3) 철도·수로·통신 선로에서, 본선에서 갈려 나간 노선. ↔ 간선(幹線)

반면 서울 6호선의 경우 행선지에 '응암순환' 열차라고 되어 있지만, 응암에서 응암→역촌→불광→독바위→연신내→구산→응암 방면으로 운행한 후 다시 새절역으로 향하게 되며, 그 역방향은 운행하지 않는 단방향 순환 열차이다.

나고야 지하철 메이죠선의 경우 지선 격인 메이코선(名港線)과 함께 운행되는데 메이코선의 경우 카나야마(金山)역에 종착하는 열차도 있지만, 메이죠선 오조네(大曽根)역까지 운행하는 경우도 있다. 그러므로 카나야마~헤이안도리 구간에서는 '오조네행' 열차도 꽤 자주 보이게 된다.

런던 지하철 서클선의 경우,

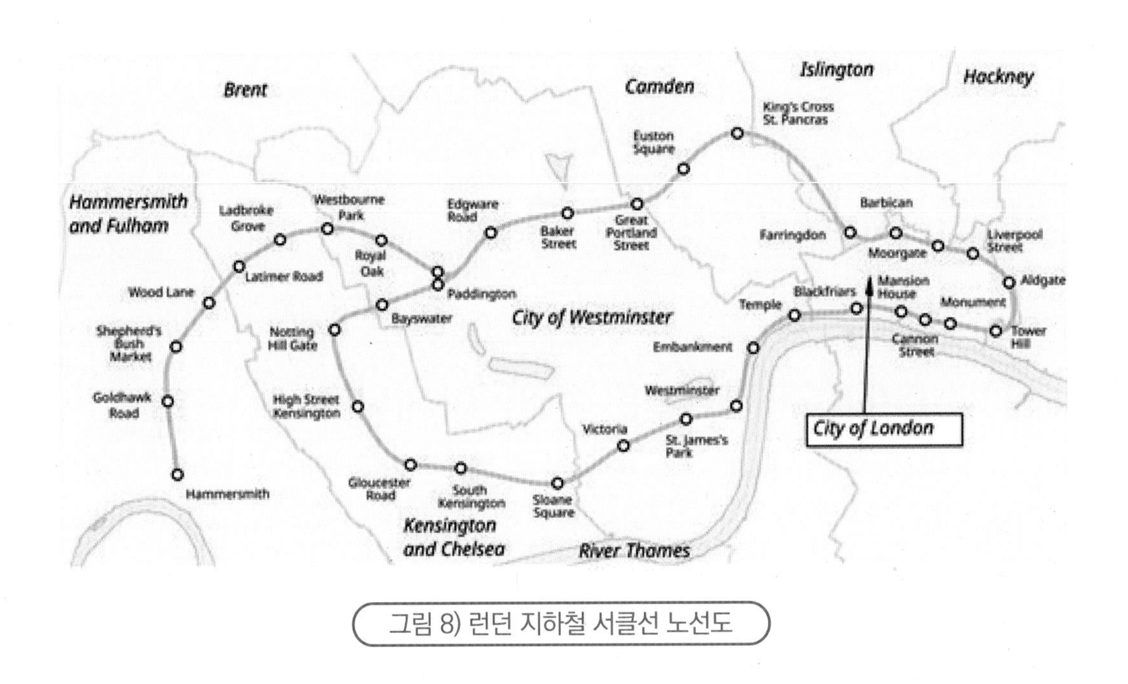

그림 8) 런던 지하철 서클선 노선도

과거에는 서울 2호선처럼 양방향 순환 운행을 하였으나, 해머스미스 방면 연장 이후에는 해머스미스↔에지웨어로드↔타워힐↔에지웨어로드 형태로 운행을 한다. 해머스미스에서 에지웨어로드로 들어간 이후 1바퀴만 순환하는 형태이다.

도쿄 지하철 오에도선의 경우,

토쵸마에(道庁前)역에서 토쵸마에역까지 이어져 있고,

히카리가오카(光が丘)역 방면 지선이 있는 것으로 보이지만, 토쵸마에역 기준 남북을 오가는 열차는 없다.

히카리가오카↔토쵸마에↔츠키시마↔토쵸마에, 이렇게 운행되며 토쵸마에역에서 출발한 열차는 토쵸마에역까지 한 바퀴 돌아올 뿐 다시 도는 게 아닌 히카리가오카역으로 가게 된다.

연장 이후의 런던 지하철 서클선과 비슷하다고 볼 수 있다.

5
선 종류와
굵기에 따라서...?

노선에 따라 선 굵기 및 종류를 다르게 하는 경우가 있다.

예를 들어 포털사이트 네이버의 지하철 노선도의 경우

'대체로' 도시철도 계열은 굵은 실선, 광역철도 계열은 얇은 실선, 경전철[4] 계열은 이중 실선으로 나타내고 있다.

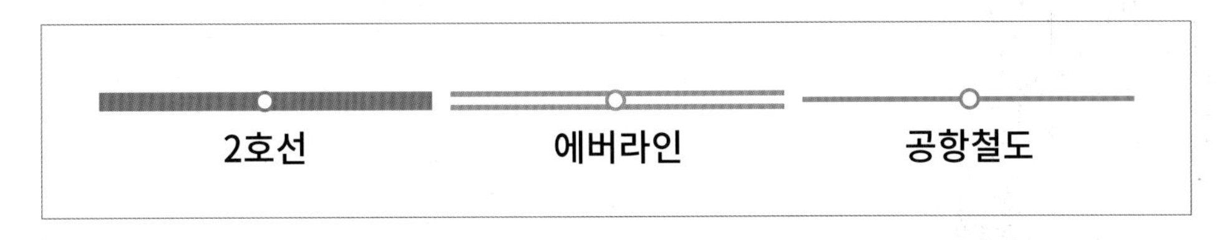

그림 9) 노선에 따라 선 종류 및 선 굵기로 구분한 사례

또한 색약을 배려하여 외곽선을 추가하거나 선의 모양을 다양하게 하는 등의 방법도 사용된다.

개인적인 의견으로는 선의 굵기로 나눈다면 별도 운영하는 지선 또는 배차 간격이 긴 구간을 가는 선으로 표기하는 것이 좋다고 생각한다(같은 노선이라도 배차 간격이 길어지면 노선 굵기도 얇아지는 방식).

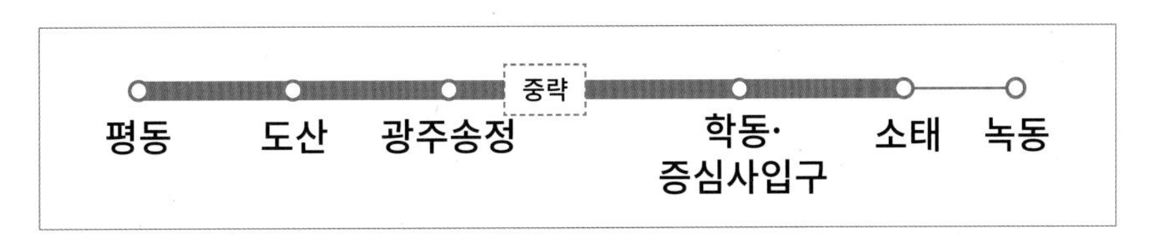

그림 10) 광주 1호선의 배차 간격을 반영해 노선의 굵기를 조정한 노선도

◇◇◇◇◇◇◇◇◇◇◇◇◇◇◇

4) 수송량과 운행 거리가 기존 지하철의 절반 정도인 경량 전철.

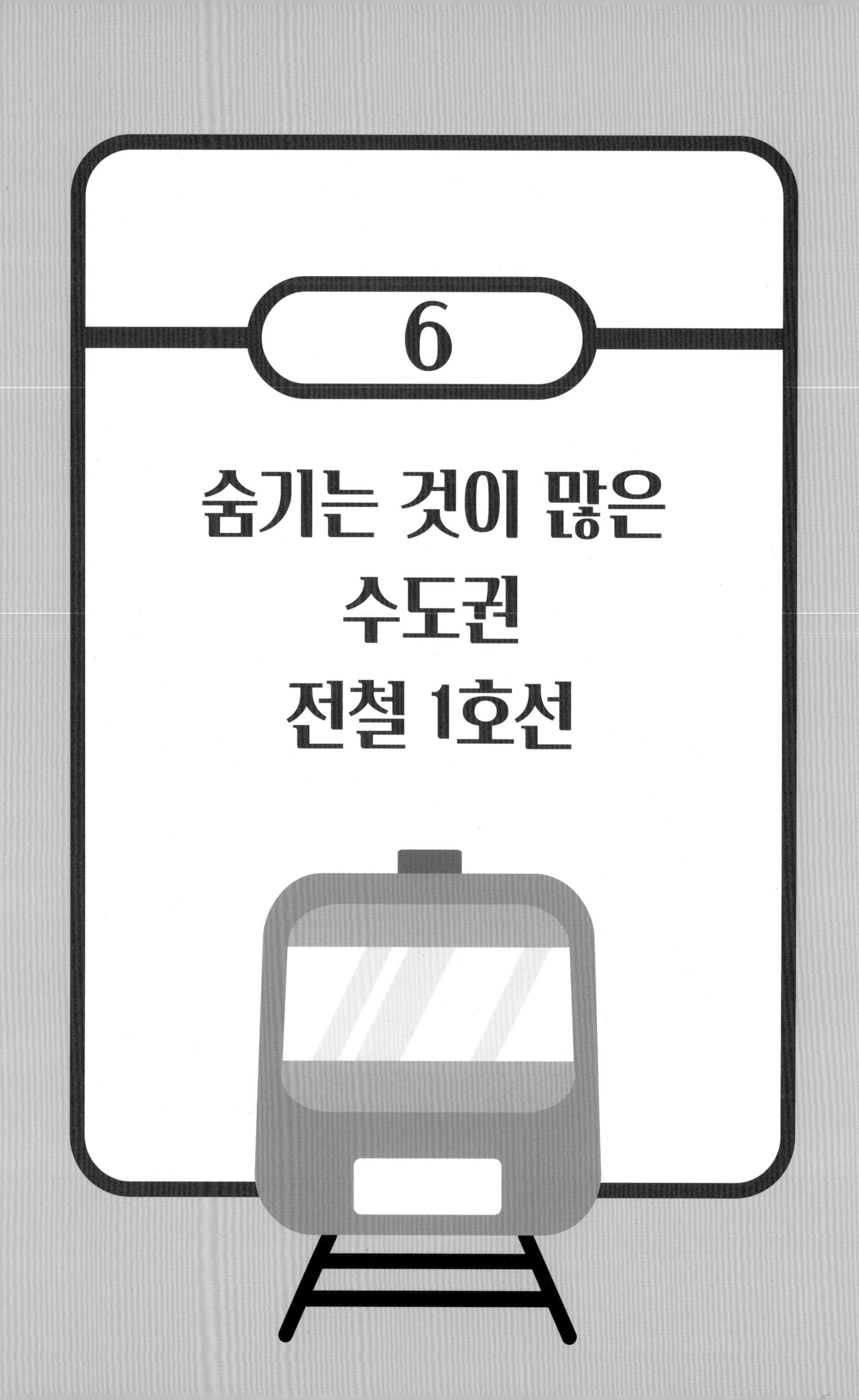

6

숨기는 것이 많은 수도권 전철 1호선

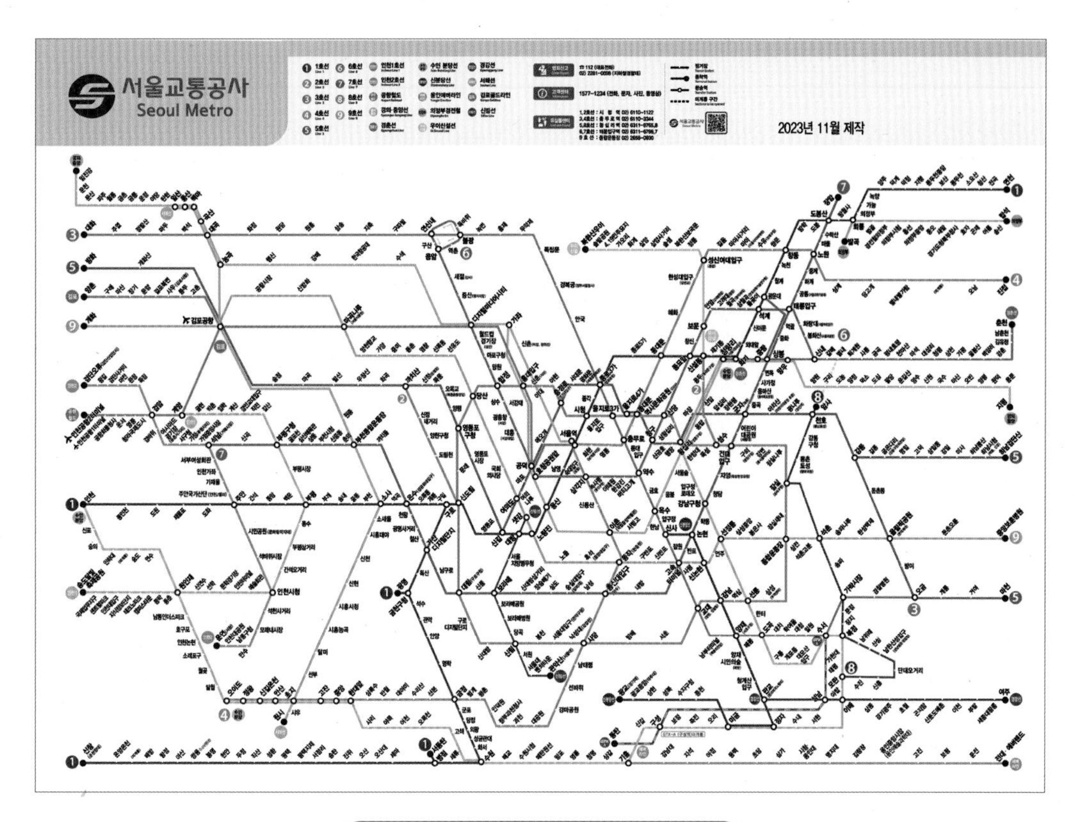

그림 11) 수도권 광역전철 노선도

우리나라에서 가장 복잡한 광역/도시철도 노선은 수도권 1호선이라는 데 많은 사람이 동의할 것이다.

노선도상으로 보면 크게 연천에서 인천/신창 방면으로 가는 노선과 1역짜리 지선이 두 개(광명, 서동탄) 보일 것이다.

그러나 연천역에서는 신창으로 갈 수 없으며, 두 개의 지선은 운행 형태도 다르다.

1호선의 운행 형태는 크게 연천↔용산↔인천의 '경원·경인선' 계통과 광운대↔용산↔신창 '경부선' 계통으로 나눌 수 있다.

광명역의 경우 영등포↔금천구청↔광명 구간 셔틀로만 운행을 하지만, 서동탄역의 경우 경부선 계통의 중간 종착역(병점에서 1역 연장)의 개념으로 운행되고 있다.

이 운행 형태를 다른 색으로 구분해서 표시하면 다음과 같다(가독성을 위해 중요 역만 표기하였다).

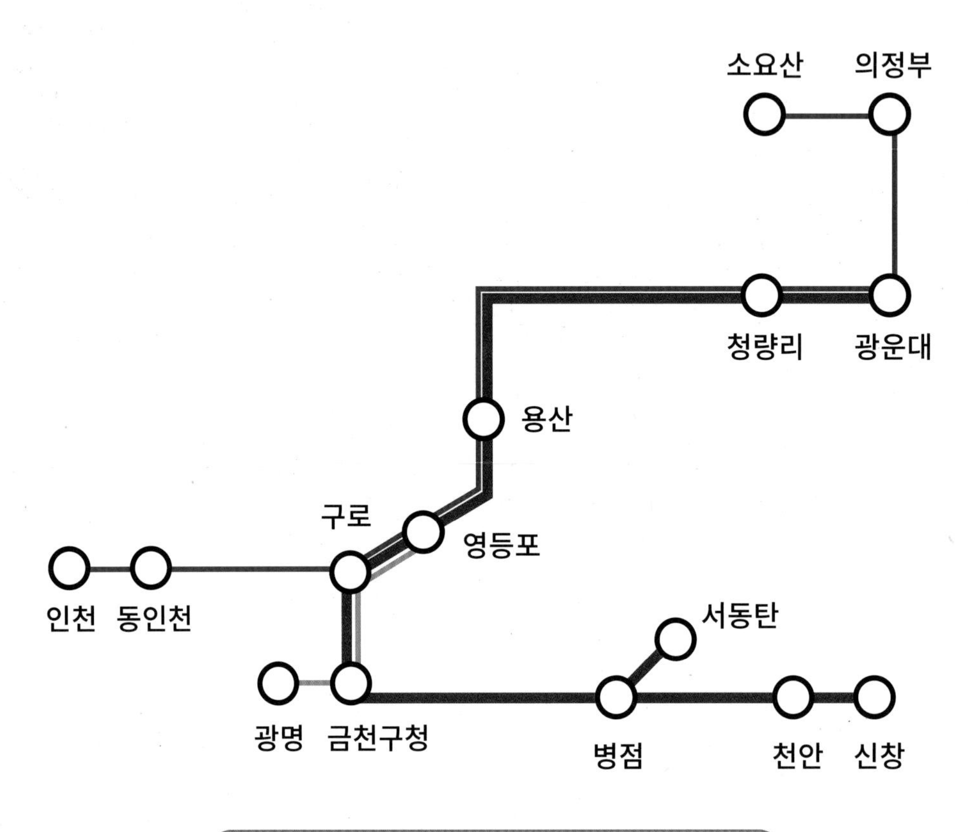

그림 12) 수도권 전철 1호선의 대략적인 운행 계통

출 처

〈출처 미표기〉 직접 제작

〈그림 1〉

위키백과 – London Underground Zone 1.svg [Dave.Dunford 제작]

https://commons.wikimedia.org/wiki/File:London_Underground_Zone_1.svg

〈그림 2〉, 〈그림 5〉의 배경 지도

OpenStreetMap

〈그림 4〉

부산교통공사 홈페이지 – 이용안내 – 노선도 – 노선도다운로드 – 관광노선도

https://www.humetro.busan.kr/homepage/default/page/subLocation.do?menu_no=1001010102

〈그림 7〉

위키백과 – Nagoya Subway Network.png [Kiyok 제작]

https://commons.wikimedia.org/wiki/File:Nagoya_Subway_Network.png

〈그림 8〉

위키백과 – Circle line & London map.svg [Edgepedia 제작]

https://commons.wikimedia.org/wiki/File:Circle_line_%26_London_map.svg

〈그림 11〉

서울교통공사 홈페이지 – 노선도 – 사이버스테이션 – 노선도 다운로드

http://www.seoulmetro.co.kr/kr/cyberStation.do

노선도의 거짓말

1판 1쇄 발행 2024년 09월 15일

저자 박태준

교정 주현강 **편집** 김다인 **마케팅·지원** 김혜지

펴낸곳 (주)하움출판사 **펴낸이** 문현광

이메일 haum1000@naver.com **홈페이지** haum.kr
블로그 blog.naver.com/haum1000 **인스타그램** @haum1007

ISBN 979-11-94276-10-4(03980)

좋은 책을 만들겠습니다.
하움출판사는 독자 여러분의 의견에 항상 귀 기울이고 있습니다.

파본은 구입처에서 교환해 드립니다.

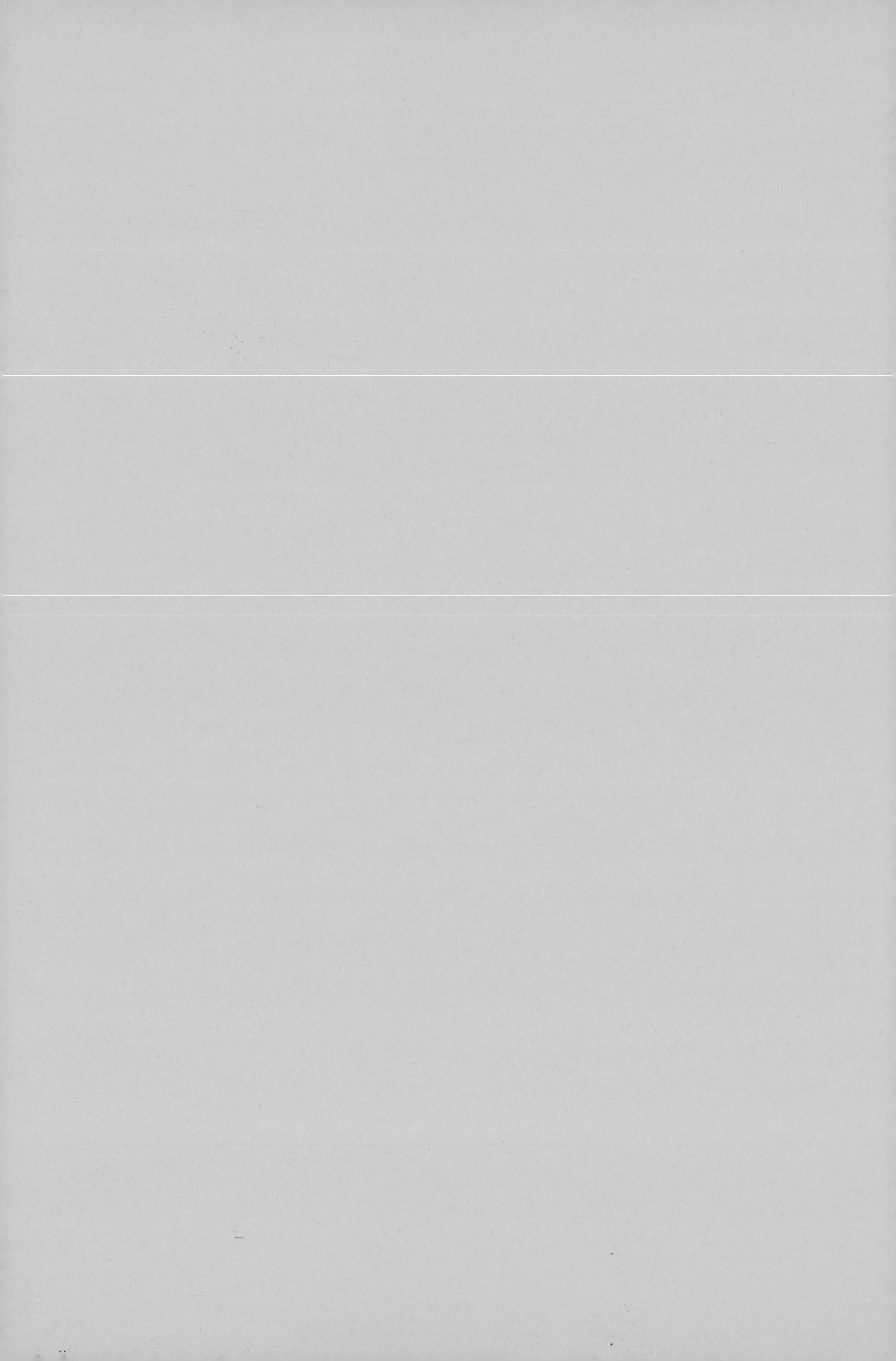